Daniel Jäger

Sicherheitsbetrachtung zu RFID-Anwendungen

GRIN Verlag

Bibliografische Information der Deutschen Nationalbibliothek:

Die Deutsche Bibliothek verzeichnet diese Publikation in der Deutschen Nationalbibliografie; detaillierte bibliografische Daten sind im Internet über http://dnb.d-nb.de/ abrufbar.

Impressum:

Druck und Bindung: Books on Demand GmbH, Norderstedt Germany
ISBN: 978-3-638-80253-6

Dieses Buch bei GRIN:

http://www.grin.com/de/e-book/54703/sicherheitsbetrachtung-zu-rfid-anwendungen

Inhaltsverzeichnis

Abbildungsverzeichnis

Tabellenverzeichnis

1. Einleitung

Folgt man der allgemeinen Diskussion um die Einführung der Radio Frequency Identification Technologie (RFID) bekommt man den Eindruck vermittelt, dass in naher Zukunft jeder Mensch der Konsumgüter kauft zum gläsernen Konsumenten wird, dessen Bewegungen sich lückenlos überwachen lassen. Es werden Szenarien entworfen bei denen das Individuum, wenn es in einen Laden geht „gescannt" wird, und nur noch (ähnlich der beim E–Commerce verwendeten Coockie–Funktionalität von Web–Browsern) die zu seinem Konsumprofil passenden Produkte angeboten bekommt.

Alles in allem ist dieser Zustand eine von Datenschützern und Bürgerrechtlern bedrohlich gezeichnete Zukunftsperspektive, welche nur aus der Sicht des Endkonsumenten gesehen wird. Tatsächlich sind von der Sicherheit bei RFID–Anwendungen auch weite Kreise, vor allem in der Logistik und Produktion, betroffen.

RFID Systeme werden in zunehmend stärkerem Maße in allen Bereichen des Lebens eingesetzt in denen Objekte – das können normale Endprodukte, logistische Einheiten wie Container aber auch Arzneimittel oder Tiere sein – im Mittelpunkt stehen. Zieht man in Betracht, dass nicht nur der Endkonsument mit RFID konfrontiert wird sondern alle, die an der Wertschöpfung beteiligt sind, verlieren die o.g. Szenarien ihre Bedeutung, ja sie stellen nur noch einen Teil vieler möglicher Bedrohungen dar, da in diesem Kontext der Konsument selbst zu einer Bedrohung werden kann, indem er z.B. versucht das RFID–System beim Einkaufen zu manipulieren – ein Möglichkeit, die es schon lange in Form des Vertauschens von Preisschildern gibt.

Diese Arbeit setzt sich mit der gesamten Sicherheitsproblematik bei RFID–Systemen auseinander. Ausgehend von der allgemeinen Funktionsweise sowie den in enger Verbindung stehenden Electronic Product Code wird der Bogen über in Verbindung mit RFID stehenden Bedrohungen bis hin zu spezifischen Szenarien gespannt. Im letzten Kapitel soll auf mögliche Lösungen eingegangen werden, Aspekte des Datenschutzes werden in fast jedem Kapitel mit angesprochen.

2. Funktionsweise, Klassifikation und EPC

Da es für die verschiedenen Anwendungen der RFID Technologie eine große Vielzahl von Tags gibt, soll in diesem Kapitel kurz auf deren grundlegende Funktionsweise eingegangen, sowie eine Klassifikation vorgenommen werden. Auch die mit der Einführung von RFID – Transpondern im Handel einhergehende Warenkennzeichnung, der so genannte Electronic Product Code (EPC™), wird kurz beschrieben, da diese hinsichtlich des „gläsernen Konsumenten" sicherheitsrelevant ist.

2.1 Grundlegende Funktionsweise

Ein RFID–System besteht grundsätzlich aus drei Komponenten: einem Chip (auch RFID–Chip, –Transponder oder –Tag genannt), einem Schreib- bzw. Lesegerät und einem Hintergrundsystem, welches die Verarbeitung der Daten übernimmt.

Der Transponder wird an die zu kennzeichnenden physischen Objekte angebracht und enthält die zu speichernden Informationen, welche im Bedarfsfall abgerufen werden können [vgl. KELTER (2005), S.38]. Man unterscheidet die Transponder in aktive und passive Systeme. Die aktiven verfügen über eine eigene Energiequelle, die passiven werden von den Lesegeräten über Funkwellen mit Energie versorgt, wobei es dafür kapazitive, induktive und das Backscatterverfahren gibt.
Für die Speicherung der Daten auf dem Transponder stehen verschiedene RAM– bzw. ROM–Lösungen zur Verfügung, von denen auch abhängt, ob die Daten fest gespeichert und unveränderbar sind oder neben der Möglichkeit des Auslesens, die des Neu- oder Wiederbeschreibens gegeben ist. [vgl. BSI (2004), S.30 ff]

Das Schreib- bzw. Lesegerät generiert ein magnetisches Wechselfeld, welches im Transponder eine Spannung induziert. Der passive Transponder benötigt die Spannung, um aktiviert zu werden und die gespeicherten Daten an das Lesegerät zu senden. Für den aktiven Transponder stellt die Spannung auch ein Aktivierungssignal dar, welches ihn aus dem Ruhezustand in die Betriebsbereitschaft überführt und nun das Auslesen oder Überschreiben der Daten ermöglicht.

Beim Hintergrundsystem handelt es sich im einfachsten Fall um einen Computer, in großen Systemen um eine komplexe Netzwerkinfrastruktur. In allen Fällen sind im Hintergrundsystem Datenbanken angelegt, in denen die gewünschten Informationen zum markierten physischen Objekt enthalten sind oder in denen Daten, die mit dem Objekt in Verbindung stehen (wie z.B. verkaufte Menge etc.), gespeichert werden.

2.2 Klassifikation

Klassifizierungen von RFID–Systemen lassen sich hinsichtlich verschiedenster Parameter vornehmen, die aber in vielen Fällen nicht losgelöst voneinander betrachtet werden können. So ließe sich beispielsweise eine Einteilung nach Art der Frequenzbereiche, des verwendeten Speichers, der Energieversorgung der Transponder oder der Leistungsfähigkeit selbiger vornehmen [vgl FINKENZELLER (2002), S.11 ff].
Hier soll nur eine Klassifikation nach der Reichweite vorgenommen werden, da diese den Abstand zwischen Transponder und Lesegerät kennzeichnet und somit auch für die Bewertung verschiedener Angriffsszenarien relevant ist.

System	Close Coupling	Mid Range		Long Range
Reichweite	> 0,5 m	ca. 1 m	ca. 3 – 4 m	bis 15 m
Frequenz	125 – 135 kHz	13,56 MHz	860 – 915 MHz	2,45 – 5,8 GHz
Ausrichtung beim Auslesen	nicht nötig	nicht nötig	teilweise nötig	immer nötig
Anwendungs-beispiel.	Wegfahrsperre Chipkarten	Chipkarten Tickets	Gepäck Diebstahlschutz	Straßenmaut Logistik

Tabelle 1: Klassifikation von RFID–Systemen nach Reichweite [in Anlehnung an BSI (2004), S.29]

Aus Tabelle 1 ist ersichtlich, dass die realisierten Abstände stark mit den verwendeten Frequenzen korrespondieren und ob der Transponder auf das Lesegerät ausgerichtet werden muss oder nicht.

Bei Close Coupling Systemen muss der Transponder sehr nahe ans Lesegerät herangeführt werden braucht dieses aber, und das ist der Vorteil gegenüber Magnetstreifenkarten, nicht zu berühren. Dadurch reduzieren sich Verschleißerscheinungen, welche bei Magnetstreifen-karten die Funktionalität beeinträchtigen können. Durch die geringe Reichweite lässt sich auch sicherstellen, dass z.B. Schließsysteme nicht aus der Ferne manipuliert werden können.

Mid Range Systeme kommen schon heute vor allem in Warenhäusern als Diebstahlschutz zur Anwendung. Zukünftig wird in diesem Bereich die Warenmarkierung eine große Rolle spielen und damit auch das von Datenschützern befürchtet Szenario des „gläsernen Konsumenten“. Verwendet werden meist passive Transponder, die durch induktive Kopplung mit Strom versorgt und aktiviert werden (vgl. Kapitel 1).

Long Range Systeme verwendet man vor allem bei Logistikanwendungen, da hier z.B. zum Erfassen von Containern in Häfen die Reichweite der Mid Range Systeme nicht ausreicht. Zumeist kommen aktive Transponder zum Einsatz (vgl. Kapitel 1), die sich von den kleinen unauffälligen der beiden anderen Systeme allein durch ihre Dimension erheblich unterscheiden. [vgl. SCHOBLICK (2005), S.123 ff]

2.3 Electronic Product Code

Weltweit gibt es heute zur Produktmarkierung eine Reihe von so genannten optischen Barcode–Systemen. Dabei handelt es sich um ein Strichmuster, welches im jeweiligen System eine eindeutige und maschinenlesbare Kennzeichnung der Produkte ermöglicht. Es wurde bereits 1949 erstmalig patentiert und setzte sich ab den 1970iger Jahren zunehmend durch.

Mit Blick auf die immer weiter voranschreitende Globalisierung der Märkte und den internationalen Handel, strebt man derzeit danach, ein weltweit einheitliches System einzuführen, dessen höchste Motivation es ist, jeden in der Wertschöpfung verwendeten Gegenstand bis hin zum Endprodukt eineindeutig zu verifizieren – den Electronic Product Code kurz EPC™ genannt.

Wie der Name bereits ausdrückt, setzt man ganz auf „electronic“, d.h. in diesem Kontext auf RFID–Technologie und verzichtet auf die optische Codierung.

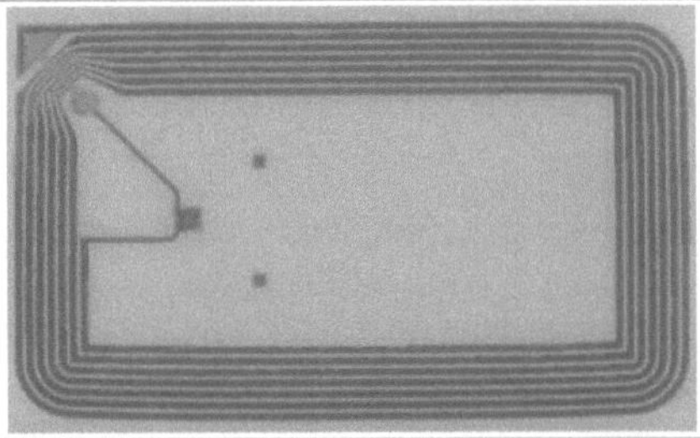

Abb. 1: Barcode (links) und RFID–Transponder (rechts) [Eigene Darstellung]

Der EPC ist eine auf dem RFID Transponder gespeicherte Folge von Ziffern mit einer Länge von mindestens 64, 96 oder bis zu 204 Bit. Die verschiedenen Nummerntypen sollen dabei aufwärtskompatibel sein.

2.3.1 Aufbau der EPC Nummer

Die Ziffernfolge des Electronic Product Code besteht aus mehreren Komponenten (hier am Beispiel des EPC mit 96 Bit):

- Der Header definiert die Version des verwendeten EPC–Codes und verfügt über eine Länge von 8 Bit
- Im EPC–Manager Feld wird die zentral vergebene Kennzeichnungsnummer des Produktherstellers dargestellt (28 Bit lang, ca. 268 Millionen Hersteller lassen sich so eindeutig identifizieren)
- In der Object Class sind die Produktnummern der einzelnen Hersteller gespeichert (24 Bit, über 16 Millionen Produkte pro Hersteller)
- Die Seriennummer ist eine fortlaufende Artikelnummer (36 Bit, damit lassen sich 68 Milliarden Einheiten eines Produkts weltweit eindeutig kennzeichnen)

Mit diesem System ist es nicht nur möglich, Produkte wie z.B. rote von grünen T-Shirts abzugrenzen, sondern jedes einzelne rote T-Shirt eindeutig vom anderen zu unterschieden.

01	.	0020A76	.	00010G	.	002988DJ0
Header		EPC-Manager		Object Class		Serial Number

Abb. 2: Aufbau der EPC–Nummer [Eigene Darstellung]

In der EPC Nummer sind bis auf die oben genannten Informationen keine weiteren gespeichert. Weitere Produktattribute (z.B. wo das rote T-Shirt hergestellt wurde, wie lange es im Regal gelegen hat) können erst von Datenbankanwendungen erzeugt und abgerufen werden. [vgl. CCGmbH (2004), S.2]

2.3.2 Object Name Service

Der Object Name Service (ONS) erfüllt in der Welt der RFID genau die gleiche Funktion wie der Domain Name Service (DNS) im Internet. Da sich Menschen Namen besser merken können als Zahlenkolonnen, wird für gewöhnlich bei der Nutzung des Internets eine URL in den Browser eingegeben, um zu einer bestimmten Webseite zu gelangen. Auf einem DNS-Server ist die der URL zugehörige IP-Adresse gespeichert, mit deren Hilfe der Computer nun auf die vom Nutzer angeforderte Webseite zugreifen kann.

Ähnlich ist die Funktionsweise des ONS. Wie unter 2.3.1 beschrieben sind in der EPC – Nummer noch keinerlei Informationen, wie Preise etc., zum gekennzeichneten Produkt gespeichert. Werden diese Informationen nun beim Verkauf eines Produkts benötigt, sendet das RFID–System eine Anfrage zur EPC Nummer an den ONS, dieser sendet eine URL oder IP zurück, unter der die benötigten Informationen verfügbar sind.
Genau wie beim DNS ist der ONS darauf ausgelegt, die Adressinformation in einem Serververbund zu speichern. Lokal besteht die Möglichkeit, bereits abgerufene EPC–IP–Paare zu speichern, um die Zahl der Anfragen an den Server zu verringern.

2.3.3 Funktionsweise des EPC–Systems

Die auf dem Transponder gespeicherte EPC Nummer wird vom Lesegerät des RFID–Systems, z.B. stationär an der Kasse oder im Lagereingang bzw. mobil mit einem Handscanner, ausgelesen. Sind Informationen zur Nummer nicht im lokalen Hintergrundsystem gespeichert, stellt dieses eine Verbindung zum Object Name Service her und erhält hier den Verweis auf eine IP – Adresse, hinter der sich entweder ein zentrales Datenbanksystem (z.B. beim Großhandel, Materiallager) oder der Produktserver des Herstellers verbirgt. Von hier werden die benötigten Informationen an die anfragende Stelle gesendet und z.B. als Bildschirmausgabe im Kassensystem zur Verfügung gestellt (vgl. POPOVA (2005), S.8). Denkbar wäre auch, dass im Falle einer Anfrage an das Datenbanksystem dieses nicht ausschließlich Informationen zum Objekt liefert, sondern auch solche die z.B. die Anfragezeit oder den Ort, von welchem aus die Anfrage erfolgte, speichert. Da ein Objekt der EPC Nummer eineindeutig zugeordnet ist, könnte hier der Hersteller, Großhändler oder das Logistikunternehmen die so gewonnenen „Kundendaten“ missbräuchlich verwenden. Bei anderen Anwendungen, wie dem Containerverkehr in einem Hafen, wird dieser Effekt dazu genutzt, Ort und Menge der gelagerten Ware zu bestimmen.

3. Allgemeine Bedrohungsanalyse

Bei allen RFID–Anwendungen handelt es sich um digitale, computerbasierte und oft auch vernetzte Systeme, die dadurch auch den gleichen Bedrohungs- und Angriffsszenarien wie ein Computernetzwerk ausgesetzt sind. Hinzu kommt, dass der Informationsaustausch zwischen Transponder und Lesegerät über die potentiell unsichere Luftschnittstelle abgewickelt wird, sowie die hinsichtlich des Datenschutzes bedenkliche Möglichkeit besteht, RFID–Transponder durch optische Barrieren hindurch zu erfassen und auszulesen.

3.1 Arten von Bedrohungen

Ein funktionierendes informationstechnisches System muss im Allgemeinen über drei Eigenschaften verfügen, deren Verletzung zu Einschränkungen bzw. Nichtfunktionieren führt:

- Der Schutz der *Vertraulichkeit* soll bewirken, dass ein System nur von autorisierten Personen genutzt wird und Informationen vor dem unberechtigten Zugriff Dritter geschützt sind
- Die *Integrität* der gespeicherten oder zu übertragenden Informationen oder Daten muss gewährleistet sein, d.h. die Daten müssen vor unberechtigter Manipulation bewahrt werden
- Die *Verfügbarkeit* eines Systems oder von Systemkomponenten ist sicherzustellen, bei Zugriff muss in einem definierten Zeitraum eine Antwort oder Aktion erfolgen [vgl. BITKOM (2003), S.7]

Aufbauend auf diesen genannten Eigenschaften sollen mögliche Bedrohungen für die an der Benutzung eines RFID–Systems beteiligten Parteien identifiziert werden.

3.2 Mögliche Bedrohungen für die aktive Partei

Als aktive Partei werden die Betreiber eines RFID–Systems bezeichnet. Die Gruppe der Betreiber hat ein maßgebliches Interesse am Funktionieren ihres Systems, da es z.B. für eine Handelskette ruinös wäre, wenn die Kunden der installierten RFID–Anwendung nicht trauen würden. [vgl. SCHOBLICK (2005), S.149]
In Frage kommende Angreifer der aktiven Partei sind die passive Partei (vgl. Kapitel 3.3) (z.B. Kunden) oder Dritte, die ein Interesse haben, der aktiven Partei zu schaden (z.B. Konkurrenten, Wirtschaftsspione).

3.2.1 Physikalischer Denial of Service Angriff

Unter einem physikalischen Denial of Service Angriff wird das Unbrauchbarmachen oder Abschirmen der Transponder durch mechanische, chemische oder elektromagnetische Einwirkungen verstanden.

Vor allem die erste der drei Varianten scheint die realistischste Gefahr darzustellen und kann bei der aktiven Partei große wirtschaftliche Schäden hervorrufen. Bei passiven Transpondern handelt es sich zumeist nur um eine dickere Folie, auf der die Schaltkreise und die Antenne untergebracht sind. Durch Knicken, Druck- oder Zugbelastung kann die Antenne zerstört oder die Schaltkreise unterbrochen werden, wodurch die Verfügbarkeit eines Teils des Systems nicht mehr gegeben ist. [vgl. KELTER (2005), S.39]

Dasselbe Szenario ergibt sich, wenn chemische Substanzen mit dem Ziel den Transponder zu zerstören eingesetzt werden. Allerdings besteht hier bei vielen gekennzeichneten Objekten die Gefahr, dass diese mit zerstört oder beschädigt werden und damit, wird Vandalismus als Grund für den Angriff ausgeschlossen, z.B. bei einem Ladendiebstahl für den Angreifer unbrauchbar werden.

Schließlich lassen sich die Transponder durch Einwirkung von elektromagnetischen Feldern schädigen. Dieses „Verfahren“ findet schon heute seine legale praktische Anwendung bei den zum Diebstahlschutz eingesetzten 1-Bit-Transpondern, die an der Kasse durch ein elektromagnetisches Feld entwertet werden.
Grundsätzlich lassen sich alle induktiv betriebenen Transponder auf diese Art deaktivieren, da in der Antenne eine Spannung induziert wird, die, wenn sie genügend groß ist, zur Überlastung der Schaltkreise und deren Zerstörung führt. Dem stehen allerdings praktische Hindernisse entgegen. Zum einen muss das elektromagnetische Feld sehr nah am Transponder generiert werden (die Feldstärke nimmt mit der dritten Potenz ab, zur Zerstörung auf Meterdistanz wären Rundfunksender erforderlich [vgl. BSI (2004), S.59], zum anderen wird die über die Transponderspule oder –antenne eingekoppelte Spannung meist von Zenerdioden begrenzt. [vgl. SCHOBLICK (2005), S.152]

Die Abschirmung stellt ein weiteres Szenario dar, bei dem der Transponder für das Lesegerät nicht auslesbar und damit verfügbar ist. Im einfachsten Fall lassen sich die gekennzeichneten Produkte mit einer Metallfolie umwickeln, welche wie ein Faradayscher Käfig wirkt. Inzwischen sollen sogar Handtaschen verfügbar sein, in die abschirmende Metallstreifen eingearbeitet sind. [vgl. HENRICI / MÜLLER, J. / MÜLLER, P. (2004), S.3]

3.2.2 Sonstige Denial of Service Angriffe

In dieser Kategorie werden alle anderen Arten von Angriffen betrachtet, die die Verfügbarkeit des Systems in Frage stellen.

In manchen Transpondern ist ein so genannter Kill Befehl implementiert, der für die Zerstörung der Funktionalität (z.B. nach dem Gebrauch) durch Löschen des Dateninhalts sorgen soll. [vgl. ROTH (2005), S.3] Ein Angreifer könnte nun den Kill Befehl missbräuchlich verwenden, um den Transponder auszuschalten. Allerdings wird in den meisten Anwendungen, zur Autorisierung vor Ausführung des Befehls, ein Passwort oder PIN–Code abgefragt.

Zumeist ist davon auszugehen, dass sich viele gekennzeichnete Objekte in einem räumlich eng begrenzten Bereich befinden. In diesem Fall wird bei einer gesendeten Anfrage schnell die Verarbeitungskapazität der Lesegeräte erreicht, da alle Transponder gleichzeitig antworten. Deshalb sorgt ein Singulationsprotokoll, welches bestimmte Nummernbereiche abfragt, dafür, dass die Transponder ihre Informationen auf individuelle Ansprache hin einzeln von sich geben. Genau hier setzen die so genannten Blockerchips an: bei Abfrage melden sich diese für jeden der einzelnen Nummernbereiche und nötigen dadurch das Lesegerät, Milliarden möglicher Adressen abzufragen. Dadurch wird das System blockiert und die anderen in der Nähe befindlichen Transponder unsichtbar [vgl. SCHÜLER (2004), S.40].

Denkbar ist auch die Aussendung eines Störsignals auf den vom RFID–System verwendeten Frequenzen. [vgl. HENRICI / MÜLLER, J. / MÜLLER, P. (2004), S.3] Um den Betrieb des Systems wirkungsvoll zu unterbinden, sind allerdings sehr starke Störsender notwendig, welche zumeist illegal und (durch die benötigte Energie) nicht in einem handlichen Format erhältlich sind. [vgl. BSI (2004), S.60]

Aktive Transponder verfügen über eine eigene Energieversorgung (vgl. Kapitel 2.1), welche aufgrund der gewünschten Mobilität mit einer integrierten Batterie realisiert wird. Diese liefert bei einer Anfrage des Lesegerätes die zum Senden der Informationen benötige Energie. Durch das missbräuchliche, massenhafte Senden von Anfragen an den Transponder und den darauf folgenden Antworten kann es dazu kommen, dass sich die Batterie entlädt und der Transponder bei einem normalen Zugriff des Lesegeräts nicht mehr antworten kann.

Nicht nur die Transponder sondern auch Hintergrundsysteme sind aufgrund ihrer Vernetzung von einem Denial of Service Angriff bedroht. So ist es möglich, die Server auf denen die Datenbanken gespeichert sind, mit einer Syn Flooding oder Ping Flooding Attacke zu konfrontieren, wodurch sie bei einer Object Name Service Anfrage nicht mehr erreichbar und die zum Objekt gespeicherten Daten nicht verfügbar wären.

Als letzte Variante eines Denial of Service Angriffs soll noch der triviale Fall des Ablösens des Transponders vom Objekt genannt werden. Auch dadurch wird die Verfügbarkeit des Systems eingeschränkt, da benötigte Informationen nicht mehr systemintern abrufbar sind.

3.2.3 Ausspähen von Daten

Grundsätzlich ist es unautorisierten Dritten möglich, die auf dem Transponder gespeicherten Daten auszulesen und damit die Eigenschaft der Vertraulichkeit in Informationssystemen zu verletzen. Dies ist auf zwei Arten möglich:

- Durch Vortäuschen der Identität des Lesegeräts,
- Durch Mithören der Kommunikation zwischen Tag und Lesegerät.

In der Realität sind diese Angriffsszenarien von einer ganzen Reihe von System- und Umgebungsbedingungen abhängig. Das in den Medien gelegentlich publizierte Szenario vom Späher, der aus sicherer Entfernung Daten ausliest, muss sehr kritisch hinterfragt werden.

Zunächst soll der Angriff mit einem „gefälschten" Lesegerät genauer betrachtet werden. Aktive und passive RFID–Transponder befinden sich normalerweise in einem Ruhezustand, der durch ein magnetisches Wechselfeld (oder andere Aktivierungssignale) beendet wird (vgl. Kapitel 2.1). Der Angreifer müsste dieses erst erzeugen, um an die auf dem Chip gespeicherten Informationen zu gelangen. Geht man im trivialsten Fall davon aus, dass die Daten auf dem Transponder unverschlüsselt vorliegen (also auslesbar sind) und dass es mit dem Lesegerät gelingt, das systemkonforme Aktivierungssignal zu generieren, muss der Fokus noch auf die Machbarkeit des Angriffs gerichtet werden.
Werden die passiven, induktiven Systeme mit den unter Kapitel 2.2 aufgeführten Reichweiten betrachtet (vgl. Tabelle 1) wird ersichtlich, dass ein verdeckter Zugriffsversuch schwerlich aus größeren Entfernungen als den angegebenen zu realisieren ist. In nachfolgender Tabelle wird gezeigt, welche Sendeleistung von UHF-Lesegeräten zur Überwindung der dargestellten Reichweiten aufgebracht werden müssen.

Reichweite	3 bis 5 m	ca. 10 m	ca. 20 m
Sendeleistung	2 Watt	30 Watt	500 Watt

Tabelle 2: Benötigte Sendeleistung von Lesegeräten [in Anlehnung an BSI (2004), S.55f]

2 Watt ist die maximale vom Gesetzgeber [vgl. BImSchV (1996)] erlaubte Sendeleistung bei UHF-Geräten. Bei 500 Watt handelt es sich also um eine Größenordnung die bei Rundfunksendern verwendet wird und die für einen verdeckten Angriff allein durch die Gerätedimension nicht in Frage kommt.

Leichter scheint es, die Kommunikation zwischen einem Lesegerät und dem Transponder mitzuhören. Voraussetzung für diese Art des passiven Abhörens der entsprechenden Funkfrequenzen ist – wie oben beschrieben – die Aktivierung des Transponders. Dabei

müssen die verschiedenen Frequenzbereiche der Systeme in Betracht gezogen werden. So liegen die Frequenzen um 13,56 MHz und lassen sich beispielsweise mit einem gewöhnlichen Weltempfänger empfangen [vgl. FINKE, T. / KELTER, H. (2004), S.4].
Bis jetzt sind in der Literatur nicht viele konkrete Angaben über Abhörreichweiten verfügbar. In nachfolgender Tabelle sind einige auf theoretischen Abschätzungen beruhende Abhörabstände aufgeführt.

System	Close Coupling	Mid Range		Long Range
Reichweite	> 0,5 m	ca. 1 m	ca. 3 – 4 m	bis 15 m
Frequenz	125 – 135 kHz	13,56 MHz	860 – 915 MHz	2,45 – 5,8 GHz
Downlink[1]	bis einige 10 m	bis einige 10 m	bis 200 m	bis 200 m
Uplink[1]	bis 2,5 m	bis 5 m	wenige Meter	wenige Meter

Tabelle 3:Abhörreichweiten von RFID–Systemen [in Anlehnung an BSI (2004), S.55f]

Für den Angreifer erschwert sich das Mithören vor allem bei Ausreizung des räumlichen Abstands durch verschiedene Einflussfaktoren. Genannt seien hier der Rauschabstand, Reflexionen, Abschirmungen, Störsignale und die Überlagerung der Signale bei verschiedenen Quellen.

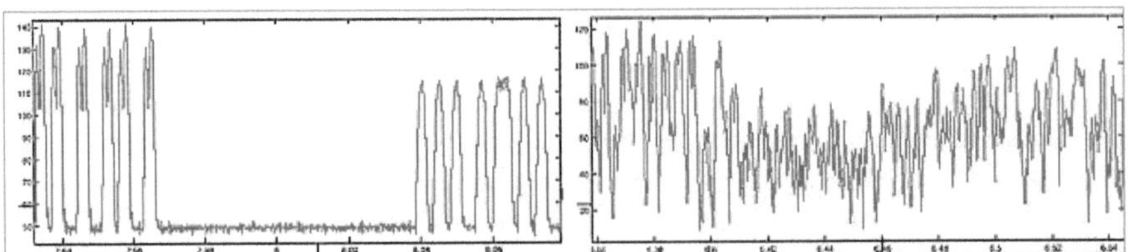

Abb. 3: Signal in Abhängigkeit vom Abhörabstand: links 1 m, rechts 3 m [in Anlehnung an Finke, T. / Kelter, H. (2004)]

Obige Abbildung stellt beispielhaft die Versuchsergebnisse von Finke und Kelter dar. Deutlich ist zu sehen, wie sich das mitgehörte Signal bei Vergrößerung des Abstands verschlechtert. [vgl. FINKE, T. / KELTER, H. (2004), S.4 ff]

Die letzte Bedrohung die übertragenen Daten auszuspionieren, stellt der klassische Fall des Angriffs auf das Backendsystem dar. Dieses ist oftmals in ein Netzwerk integriert. Als Schwachstellen sind hier die Übertragungswege zwischen Lesegerät und Datenbank-System sowie das direkte Eindringen in die Serverstruktur zu nennen.

3.2.4 Einspeisen falscher Daten

Durch das Einspeisen falscher oder gefälschter Daten wird die Integrität eines IT–Systems bedroht. Ganz allgemein kann man bei dieser Art des Angriffs von einem Täuschungs-Versuch ausgehen, bei dem der Systembetreiber einen Schaden durch die Falschheit der verfügbaren Informationen erleidet. Dieser Schaden muss in erster Konsequenz nicht

[1] Unter Downlink wird die Datenübertragung vom Lesegerät zum Transponder verstanden, der Uplink bezeichnet den umgekehrten Weg.

unbedingt materieller Art sein, denkbar ist auch eine ideelle Schädigung (man stelle sich z.B. ein manipuliertes RFID Diebstahlschutzsystem vor, welches auch bei jedem ehrlichen Kunden einen Alarm auslöst).

Bei RFID–Systemen muss zunächst abgrenzt werden, welche Komponenten manipulierbar und damit für die missbräuchliche Veränderung der Daten anfällig sind.
Die Transponder lassen sich, neben der schon vorgenommenen Unterscheidung in aktive und passive, auch in Read–Only– und Read–Write–Systeme gliedern, wobei bei ersteren nur ein Lesezugriff möglich ist. Bei Systemen, die mit einer Read–Write–Funktionalität ausgestattet sind, lassen sich die Transponder teilweise oder komplett mit neuen Daten beschreiben. [vgl FINKENZELLER (2002), S.23 ff]

Der erste Fall möglicher Manipulation betrifft die Read–Write–Tags. Auf diesen sind neben der Serien- oder EPC–Nummer noch andere Informationen gespeichert, die nicht im Hintergrundsystem abgelegt wurden. Ein Angriff könnte mit den gleichen wie in Kapitel 3.1.1.3 beschriebenen Verfahren erfolgen:

- Durch ein eigenes Schreib- und Lesegerät des Angreifers (es gelten dieselben, den Abstand betreffenden, theoretischen Einschränkungen)
- Durch einen Schreibzugriff während des Auslesens der Daten durch zum System gehörende Lesegeräte,
- Durch Manipulation des Systemschreiblesegeräts.

Als Gegenmaßnahmen für einen so gearteten Angriff kommt die Verschlüsselung der Kommunikation zwischen Transponder und Schreiblesesystem sowie eine implementierte Autorisierung bei Schreibzugriff auf den Transponder in Frage.

Zwei weitere Methoden, die Integrität des Systems zu beeinträchtigen, stellen das als Emulating und Cloning bezeichnete Fälschen der Tags bzw. das unautorisierte Anwenden der auf einem Chip gespeicherten Daten dar. Beide Angriffsarten setzen voraus, dass vorher Informationen aus dem Originaltransponder vollständig oder teilweise ausgelesen werden (vgl. Kapitel 3.2.3).

Bei der Emulation soll die Identität des Originaltransponders vorgetäuscht werden. Dies kann durch Geräte geschehen, die den Dateninhalt eines Originaltags zu erzeugen und zu senden vermögen. Ein solcher Emulator kann wesentlich größer als ein Tag sein, über eine eigene Energiequelle verfügen und so aus größeren Entfernungen mit dem Lesegerät kommunizieren als es der Originaltag vermag.

Auch das Cloning zielt darauf ab, die Identität eines Originaltransponders vorzutäuschen, allerdings indem der Angreifer einen Chip mit den gleichen gespeicherten oder zu seinem Vorteil veränderten Daten und derselben technischen Funktionalität nachzukonstruieren versucht [vgl. IBM DEUTSCHLAND (2005), S.35].

Die wahrscheinlich trivialste Variante dieser Systemmanipulation ist das einfache Ablösen der Transponder vom ursprünglichen Objekt, um dieses vor dem Lesegerät unsichtbar werden zu lassen oder als ein anderes auszugeben – vergleichbar mit dem Vertauschen von Preisschildern an Waren.

Erwähnt werden soll auch an dieser Stelle ein möglicher Angriff auf die im Backendsystem gespeicherten Daten, die beispielsweise durch einen Hacker, der Zugriff auf das System erlangt hat, aber auch durch ein Versehen so verändert sein können, dass ihre Integrität und die eineindeutige Zuordnung zu einem Objekt nicht mehr gewährleistet ist.

3.3 Mögliche Bedrohungen für die passive Partei

Als passive Partei werden beim Gebrauch eines RFID–Systems Personen bezeichnet, die die durch Tags gekennzeichneten Objekte benutzen, aber keine Kontrolle über die gespeicherten Daten besitzen. In der Literatur und vor allem bei Datenschützern wird mit „passiver Partei" zumeist der Endverbraucher von mit RFID–Chips gekennzeichneten Waren gemeint. Viel häufiger kommt es jedoch vor (Stand 08/2005), dass die Betreiber eines RFID–Systems aktive und passive Partei zugleich sind. Als Beispiel seien hier Logistikanbieter genannt, die zur Ermöglichung eines nahtlosen Tracking und Tracing die RFID–Technologie einsetzen.

Trotz dieser Unterschiede ist die Bedrohungslage in beiden Fällen ähnlich (vgl. Tabelle 4). Hinsichtlich des Endverbrauchers spielt der Schutz vor Bedrohungen der Privatsphäre durch Erstellen von Bewegungsprofilen oder unautorisiertes Speichern personenbezogener Daten eine übergeordnete Rolle. Als Angreifer kommen die aktive Partei oder Dritte in Frage.
Im Falle, dass aktive und passive Partei durch den Betreiber repräsentiert werden, kann auch hier ein Angriff von außen das Ziel haben, Bewegungsprofile von z.B. Warenströmen zu erfassen oder Daten über mit einem Tag versehene Objekte zu sammeln.

	Passive Partei z.B. Privatpersonen	**Aktive / Passive Partei** z.B. Unternehmen
Bedrohung der **Data Privacy**	Verletzung der Privatsphäre durch unautorisierte Speicherung personenbezogener Daten	Sammeln von Daten (Data Mining) über Produkte oder Entwicklungsdetails
Bedrohung der **Location Privacy**	Bedrohung der Privatsphäre durch Erstellung von Bewegungsprofilen	Ausspionieren des Verlaufs von Güterströmen

Tabelle 4: Bedrohungen der Data- und Location Privacy [Eigene Darstellung]

3.3.1 Bedrohungen der Data Privacy

Datenschutz musste schon immer auf die technischen Möglichkeiten reagieren. Dies geschah zum letzten Mal als sich Mitte der neunziger Jahre die Privatsphäre, bedingt durch das Internet, theoretisch über den ganzen Globus ausdehnte [vgl. LANGHEINRICH (2004), S.7].

Mit zunehmender Verbreitung von RFID–Anwendungen entstehen neue Anforderungen an den Schutz der Privatsphäre und damit an den Datenschutz, da bei dieser Technologie die Möglichkeit besteht, dass die Grenze zwischen virtueller und realer Welt weiter aufgeweicht wird. Im Folgenden sollen einige Bedrohungen behandelt werden.

RFID–Transponder sind sehr klein und können deshalb versteckt und ohne das Wissen des Nutzers an Objekten angebracht werden. Im Gegensatz zum optischen Barcode verlieren sie an verdeckten Stellen (z.B. eingenäht in Kleidung, implementiert in technische Produkte) nicht ihre Funktionalität, da die meisten Stoffe die Funkwellen nicht oder nur unzureichend absorbieren. Mit diesen vom ahnungslosen Nutzer unbemerkten Chips könnte ein Angreifer nun Informationen über den Gebrauch des gekennzeichneten Objekts sammeln. Relevanz besitzt dieses Problem auch bei industriellen Anwendungen der Technik, da ein Angreifer seine eigenen Transponder an ein Objekt anbringen kann und dadurch nicht die Identität eines autorisierten Lesegeräts vortäuschen muss, um z.B. ein Gut zu verfolgen (vgl. Kapitel 3.2.3).

Ein weiteres Problem ergibt sich durch den auf den Tags gespeicherten Electronic Product Code (vgl. Kapitel 2.3). Oft wird angeführt, dass die RFID–Chips in Verbindung mit dem EPC bei der Warenkennzeichnung nur den optischen Barcode ersetzen. Mit dem klassischen Barcode lassen sich viel weniger Daten speichern als auf einem Transponder. Der EPC, mit welchem deutlich mehr Informationen erfassbar sind, ermöglicht darüber hinaus, einen Gegenstand potenziell weltweit eineindeutig zu identifizieren. Dies mag bei der Wertschöpfung und der dabei notwendigen Logistik vorteilhaft sein, um dem falschen Versenden oder Verlust eines Produkts vorzubeugen. Es ist aber im Hinblick auf einen möglichen Käufer problematisch, da es sich durch die Eineindeutigkeit um so genannte potentiell personenbezogene Daten handelt. Das sind Daten, die zwar anonymisiert oder pseudonymisiert sind, sich aber mit hoher Wahrscheinlichkeit deanonymisieren lassen, d.h. es kann ein eindeutiger Bezug zu einer Person hergestellt werden [vgl. BSI (2004), S.46 f].
Als Beispiel dafür kann man eine ganz normale Einkaufssituation anführen, bei der mit RFID–Chips gekennzeichnete Waren von einem Kunden, der eine Rabattkarte besitzt gekauft werden. Im Backendsystem des Warenverkäufers können die auf beiden enthaltenen Informationen verknüpft und dadurch Informationen über das Kaufverhalten des Kunden gespeichert werden (vgl. Abbildung 4).

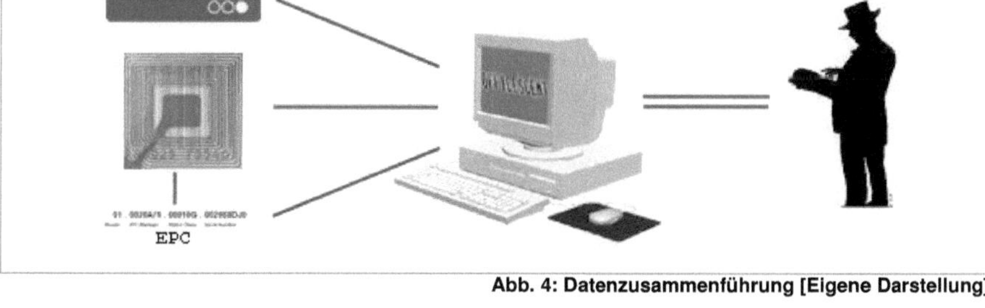

Abb. 4: Datenzusammenführung [Eigene Darstellung]

Das vorher genannte Szenario ist heute schon gängige Praxis, indem im gesetzlichen Rahmen die Einkaufsdaten erfasst und mit Kundendaten (z.B. bei einem Einkauf mit Kreditkarte) zu Marketing- bzw. Werbezwecken verknüpft werden. Diese Verknüpfung bezieht sich beim Barcodesystem aber nur auf Objektgruppen. Mit der eindeutigen Seriennummer des EPC ist es aus technischer Sicht kein Problem mehr, Objekte einer bestimmten Person eindeutig zuzuordnen [vgl. LAHNER (2004), S.57]. Man kann annehmen, dass in einer Welt in der der Einsatz von RFID–Technik als normal angesehen wird, es den Bürger an Möglichkeiten und der Übersicht mangelt festzustellen, an welcher Stelle wie viel und was an potentiell personenbezogenen Daten gespeichert wird [vgl. FOEBUD (2003)]. Weiterhin entstehen allein durch die Verfügbarkeit der Daten neue Bedürfnisse, diese auch auszuwerten – möglicherweise auch ohne das Wissen der passiven Partei.

In dem oben angeführten Beispiel wird davon ausgegangen, dass Daten aus zwei Quellen (vielleicht auch ohne direkt einen Angriff zum Ziel zu haben) miteinander verknüpft werden. Viel bedenklicher für die Privacy ist es, wenn RFID–Transponder heimlich, ohne das Wissen der passiven Partei, durch versteckte Lesegeräte ausgelesen werden. Hier ergibt sich auch für betriebsinterne Anwendungen ein nicht abzuschätzendes Sicherheitsrisiko, da ein Angreifer (z.B. zu Zwecken der Industriespionage) nur an geeigneter Stelle ein verdecktes Lesegerät installieren muss, um die von ihm gewünschten Informationen in Erfahrung zu bringen. Im einfachsten Fall geht der Konkurrent, welcher das angebotene Sortiment eines Ladens in Erfahrung bringen möchte, mit einem RFID–Handscanner durch die Regale [vgl. LANGHEINRICH (2004), S.26].

3.3.2 Bedrohungen der Location Privacy

Theoretisch kann jeder Transponder, der nach seinem Gebrauch nicht deaktiviert wird weitere Datenspuren hinterlassen, wenn er wiederholt – befugt oder unbefugt – ausgelesen wird. Man kann davon ausgehen, dass sich Tags über längere Zeit im Besitz ein und derselben Person befinden (z.B. wenn sie in Produkte eingearbeitet sind). Dadurch besteht die Möglichkeit, Bewegungsprofile zu erstellen, indem man die der Person zugeordneten und durch den EPC eineindeutig zu identifizierenden Objekte überwacht. So ließen sich auch Aufenthaltsorte von Individuen, über den Zeitraum in dem die Daten gespeichert wurden, nachverfolgen [vgl. BERTHOLD / GÜNTHER / SPIEKERMAN, S.4]. Von wirtschaftlicher Seite besteht durchaus ein gewisses Interesse an diesem so genannten Tracking, da sich dadurch z.B. Laufstudien in Supermärkten erstellen lassen, die die Basis für eine „kundengerechte“ Produktplatzierung bilden.

Neben dieser durch das Hinterlassen von Datenspuren möglichen Bedrohung der Location Privacy könnte es möglich werden, Individuen, welche Objekte mit RFID–Chips am Körper tragen, mit einem Lesegerät direkt zu orten und deren Bewegungen zeitäquivalent nachzuvollziehen. Allerdings ist dies nur ein theoretisches Szenario – verwiesen sei hier auf die Problematik der Abhörreichweiten in Kapitel 3.2.3.

Sieht man von den individuellen Bedrohungen für den Endverbraucher einmal ab und betrachtet RFID–Anwendungen wie sie in der industriellen Produktion eingesetzt werden, ergibt sich durch die beiden geschilderten Varianten des direkten oder indirekten Trackings ein breites Feld der Industriespionagemöglichkeiten. So ließe sich beispielsweise ein Container, welcher mit einem aktiven Transponder (vgl. Kapitel 2.3) ausgestattet ist, von der Konkurrenz, welche ein Interesse am Logistikablauf eines Unternehmens hat über die ganze Welt verfolgen, auch wenn der Angreifer nicht die Möglichkeit des direkten Zutritts auf Werksgelände oder Umschlagplätze hat.
Auch hier ist die indirekte Verfolgung durch die Auswertung der Datenspuren möglich, allerdings muss sich der Angreifer dazu Zugriff auf das RFID–System des anwendenden Unternehmens verschaffen oder ein eigenes, getarntes Lesegerät installieren (vgl. Kapitel 3.3.1).

4. Schutzverfahren

Ausgehend von den in Kapitel 3 beschriebenen Bedrohungsmöglichkeiten soll in diesem Kapitel ein kurzer Überblick über Verfahren, die dem Schutz vor Angriffen auf RFID–Systeme gewähren gegeben werden. Bezeichnend für RFID–Anwendungen ist, dass es Verfahren gibt, die je nach Sichtweise einer Partei zum Schutz dienen können und gleichzeitig für die andere eine Bedrohung darstellen.

4.1 Deaktivierung und Verhinderung des Auslesens

Durch einen so genannten *Kill–Befehl* kann ein RFID–Tag dauerhaft, zum Schutz des Trägers vor unautorisierter Identifikation, ausgeschalten werden. Dieses Abschalten ist laut Spezifikationen [vgl. EPC (2003)] für jegliche Transponder aller Klassen mit einem 8 Bit großem Passwort vorgesehen, welches eine Modifizierung des Codes so vornimmt, dass danach die Daten auf dem Chip nicht mehr ausgelesen werden können [vgl. LAHNER (2004), S.64]. Aus der Anwendung des Kill–Befehls ergeben sich wiederum eine Reihe Probleme:

- Der Konsument hat nicht die Sicherheit, dass der Chip wirklich deaktiviert ist. So könnte z.B. in kleineren Läden darauf verzichtet werden, da das Einrichten eines RFID–Registrierkassensystems zu teuer ist, die Transponder aber bereits ab Werk an dem Objekt angebracht sind [vgl. LAHNER (2004), S.64].
- Durch die Deaktivierung des Chips verzichtet man (gerade im Handel) auf viele Vorteile der RFID–Technologie, da der Zugriff auf Nutzinformationen (wie z.B. Garantie- oder Reparaturdaten) zum Produkt im Backendsystem nicht mehr möglich ist [vgl. BERTHOLD / GÜNTHER / SPIEKERMAN, S.9].
- Die Bewegungen von Individuen sind weiterhin vor der Deaktivierung erfassbar (beispielsweise in einem Supermarkt).

Es sei auch an dieser Stelle auf den missbräuchlichen Einsatz des Kill–Befehls hingewiesen, wie er im Kapitel 3.2.2 bereits beschrieben wird.

Dasselbe gilt bei Einsatz der *Blocker–Tags*, die schon im Kapitel 3.2.2 beschrieben worden sind. Auch hier liegen Schutzmaßnahme und potentielle Bedrohung sehr nah beieinander.

Eine weitere Möglichkeit, unautorisierte Zugriffe auf Transponder zu unterbinden, stellt die *Abschirmung* derselben durch Störfelder dar. So verhindert eine ausreichend starke Störstrahlung auf der Frequenz des RFID–Systems die Kommunikation in seinem Wirkungsbereich. Auch durch Metalle (Abschirmung) und Wasser (Frequenzverstimmung) kann eine wirkungsvolle Abschirmung erfolgen, deren Einsatz aber schwierig oder unmöglich ist, da das eigene Lesesystem mit beeinträchtigt wird [vgl. BSI (2004), S.60 f]. Andere Methoden, die das ungewollte Auslesen der Tags verhindern, werden in Kapitel 4.3 beschrieben.

4.2 Verfahren zur Pseudonymisierung

Mit Verfahren zur Pseudonymisierung kann es gelingen, die Nachteile der Deaktivierung zu umgehen. Pseudonymisierung in der RFID–Technologie bedeutet, dass die Tags ihre wahre Identität nicht preisgeben und stattdessen eine so genannte Meta–ID senden. Die wahre Identität ist nur dem befugten Nutzer des Tags bekannt [vgl. ROTH (2005), S.3].

Ein solches Verfahren ist z.B. das *Hash–Lock–Verfahren*. Hier werden mit Hilfe einer kryptografischen Hashfunktion die ursprünglich gespeicherten Daten (z.B. bei Übergabe eines Produktes an den Käufer) verschlüsselt. So wird der Transponder mit einem Hashwert h = Hash(k) und einem zufälligen Schlüsselwert k gesperrt und die Daten (h, k) an eine private Datenbank des Kunden übergeben. Ein auf diese Weise gesperrter Tag sendet einem Lesegerät auf Anfrage nur noch h und gibt den EPC oder andere Tag–Daten nicht preis. [vgl. LAHNER (2004), S.65]

Durch das Hash–Lock–Verfahren lässt sich zwar die Data Privacy schützen, nicht aber die Location – Privacy, da immer der selbe – wenn auch verschlüsselte Wert eines RFID–Transponders – bei Anfrage ausgegeben wird. Dieses Problem wird durch das *Randomized Hash–Lock–Verfahren* gelöst, indem kein fester Hashwert mehr gesendet wird, sondern bei jeder Anfrage des Lesegeräts ein neuer generiert wird. Nachteilig könnte bei diesem Verfahren der hohe im Tag implementierte rechnerische Aufwand sein, da sich die ständig neuen Hashwerte nur schwer umkehren lassen, sowie die Notwendigkeit, dem Nutzer eine vernetzte Datenbank und ein Lesegerät zur Verfügung zu stellen [vgl. BERTHOLD / GÜNTHER / SPIEKERMAN, S.10].

Eine Methode der gegenseitigen Authentifizierung von Tag und Lesegerät, bei dem auf dem Transponder keine Schlüssel- oder Nutzungsdaten gespeichert sind, ist das *Verfahren von Henrici und Müller*. Auf dem Chip wird lediglich der Hashwert gespeichert, welcher beim Auslesen durch das autorisierte Lesegerät mittels im Backend abgelegten Transaktionsnummern geändert wird. Die Datenhaltung erfolgt im Backend, das Tag muss lediglich die Hashwerte berechnen und benötigt keinen implementierten Zufallsgenerator wie beim Randomized Hash–Lock [vgl. BSI (2004), S.52]. Auch dieses Verfahren scheint eher für industrielle Anwender geeignet, da der Privatanwender wahrscheinlich über kein Backendsystem verfügt

4.3 Verfahren zur Authentifizierung und Verschlüsselung

Authentifizierung dient der Überprüfung, ob ein berechtigter Zugriff auf den Transponder oder das Lesegerät stattfindet. Das Lesegerät muss erkennen können, ob der Tag überhaupt befugt ist, mit dem System zu kommunizieren. Durch den EPC ergibt sich hier die Möglichkeit, dass gefälschte Tags (siehe Kap. 3.2.4) oder nicht vergebene Nummern erkannt werden.

Im Falle der isolierten Anwendung eines RFID–Systems kann man zum Bestimmen der Authentizität das *Challenge–Response–Verfahren* anwenden, bei dem vom Lesegerät eine Zufallszahl an das Tag gesendet wird die dieses verschlüsselt zurücksendet. Der gemeinsame – nur dem Lesegerät und dem Tag bekannte Schlüssel – dient dabei der gegenseitigen Identifizierung. Um in das System einzubrechen benötigt der Angreifer den auf dem Tag und im Lesegerät gespeicherten Schlüssel. Diesen zu erhalten ist zumindest beim Transponder schwer, da dieser physikalisch auf seinen Atomebenen mikroskopisch analysiert werden muss [vgl. BSI (2004), S.47 ff].

Bei einfachen Read–Only–Transpondern birgt das Challenge–Response–Verfahren Probleme, da bei diesen keine Datenverarbeitung vorgesehen ist. Hier ist es einfacher, wenn das Lesegerät sich nur mit einem Passwort anmeldet, welches der Transponder mit dem auf ihm gespeicherten vergleicht und erst Zugriff bei Übereinstimmung gewährt.

Gegen das Abhören über die Luftschnittstelle kann man sich durch die Verschlüsselung der zu übertragenen Daten schützen. Hier gibt es eine ganze Reihe starker kryptografischer Kommunikationsprotokolle. Genannt seien hier nur beispielhaft das Aloha–Verfahren und das Silence Tree–Walking–Verfahren [vgl. BSI (2004), S.50 ff], welche aber aufwendig zu beschreiben sind und den Rahmen dieser Arbeit sprengen würden.

5. Fazit

Die sich mit der erwarteten flächendeckenden Einführung von RFID–Technologie ergebenden Probleme hinsichtlich der Sicherheit – im Sinne der Bedrohung für das System, und der Datensicherheit auf Seiten der Nutzerkreise – sind vielfältig und können die Vertraulichkeit, Verfügbarkeit und Integrität des RFID–Systems, sowie die Privatsphäre von natürlichen Personen und die Sicherheit von betrieblichen Daten entscheidend beeinflussen oder stören.

Auf physikalisch–technischer Seite spielt bei einem gewollten Angriff oder einer unbeabsichtigten Zugriffsverletzung vor allem die Entfernung zwischen angreifenden und angegriffenen System eine bedeutende Rolle, des Weiteren ist die Durchführung der meisten Angriffe mit hohen Kosten verbunden (vgl. Tabelle Anhang).

Eine weitere Besonderheit ist, dass es Kollisionen zwischen Schutzverfahren und Angriffsarten gibt. Was für die eine Partei einen Schutz darstellt (z.B. Blocker–Tags bei den Endkunden zur Wahrung der Privacy) kann für die andere Partei einem Angriff darstellen (z.B. auf die Verfügbarkeit des Systems). Es ergeben sich auch einige Einschränkungen des gewünschten Funktionsumfangs, wenn gewisse Sicherheitsmaßnahmen durchgeführt werden (z.B. beim Kill–Befehl)

So wird in der Zukunft daran zu arbeiten sein, wie man die Bedenken aus Sicherheits- und Datenschützersicht ausräumen kann, ohne die positiven Nutzungsaspekte der Technologie zu beeinträchtigen.

6. Anhang

Angriffs- oder Bedrohungsart	Kosten
Abhören der Kommunikation zwischen Lesegerät und Tag	hoch
Unautorisiertes Auslesen der Daten	mittel – hoch
Unautorisiertes Verändern der Daten	mittel – hoch
Cloning und Emulating	mittel
Ablösen des Transponders vom Objekt	gering
Mechanische oder chemische Zerstörung des Tags	gering
Zerstörung durch Feldeinwirkung	mittel
Zerstörung durch Missbrauch des Kill–Befehls	mittel
Entladen der Batterie bei aktiven Tags	mittel
Blocker–Tags	gering
Störsender	mittel – hoch
Abschirmung	gering

Tabelle 5: Angriffsarten und ihre Kosten [in Anlehnung an BSI (2004), S.57]

7. Angaben zur Literatur

Zur Erstellung der Arbeit wurden folgende Literaturquellen verwendet:

1. BERTHOLD / GÜNTHER / SPIEKERMAN: RFID-Technik Verbraucherängste und Verbraucher-schutz – eine Frage der Kontrolle, Berlin http://www.wiwi.hu-berlin.de/~sspiek/RFIDWI.pdf Abruf am 19.7.2005
2. BIMSCHV: 26. Verordnung zur Durchführung des Bundes-Immisionsschutzgesetzes, 1996
3. BITKOM: Sicherheit für Systeme und Netze im Unternehmen, 2003, Berlin
4. BSI: Risiken und Chancen des Einsatzes von RFID-Systemen, 2004, Bonn http://www.bsi.de/fachthem/rfid/studie.htm Abruf am 17.7.2005
5. CCGMBH: Mit dem Transponder in die Zukunft, 2004, Köln, http://www.gs1-germany.de/content/e39/e466/e468/datei/epc_rfid/mip_1_epc.pdf Abruf am 21.8.2005
6. EPC-GLOBAL: 900 MHz Class 0 Radio Frequency (RF) Identification Tag Spec., 2003, http://www.epcglobalinc.org/standards_technology/Secure/v1.0/UHF-class0.pdf Abruf am 20.8.2005
7. FINKE, T. / KELTER, H.: Abhörmöglichkeiten der Kommunikation zwischen Lesegerät und Transponder am Beispiel eines ISO14443-Systems, 2004 http://www.bsi.de/fachthem/rfid/Abh_RFID.pdf Abruf am 21.8.2005
8. FINKENZELLER, KLAUS: RFID-Handbuch, 2002, München
9. FOEBUD E.V.: Positionspapier über den Gebrauch von RFID auf und in Konsumgütern, 2003, Bielefeld, http://www.foebud.org/rfid/positionspapier.pdf Abruf am 22.8.05
10. HENRICI / MÜLLER, J. / MÜLLER, P.: Sicherheit und Privatsphäre in RFID-Systemen, 2004, Kaiserslautern, http://www.icsy.de/~archiv/DPArchiv.0096.pdf Abruf am12.7.2005
11. IBM DEUTSCHLAND: RFID – Motor für Innovationen, 2005, Herrenberg / Düsseldorf, http://www.future-store.org/servlet/PB/-s/9734ktuz9h935udcz8ne3egkmbe4ib/show/1004597/off-Presse-Pressemat-IBMStudy_Motor-f-Innov-dt_05-06-06.pdf Abruf am 20.8.2005
12. KELTER, HARALD: Radio Frequency Identification – Bedrohungslage einer aktuellen Technologie, In: <kes> Die Zeitschrift für Informationssicherheit, 01/2005, Bonn

13. LAHNER, C. M.: Datenschutzrechtliche Probleme beim Einsatz von RFID-Systemen, 2004, Hannover, http://www.rechtsanwaltlahner.de/web-content/RFID.pdf
Abruf am 22.8. 2005
14. LANGHEINRICH, MARC: Die Privatsphäre im Ubiquitous Computing – Datenschutzaspekte der RFID-Technologie, 2004, Zürich, http://www.vs.inf.ethz.ch/publ/papers/langhein2004rfid.pdf
Abruf am 22.8.2005
15. POPOVA, TANIA: Internet der Dinge – 6.Management Information, 2005, Köln http://www.gs1-germany.de/content/e39/e466/e468/datei/epc_rfid/mip_6_internet_der_dinge_gs1.pdf
Abruf am 21.8.2005
16. ROTH, TORSTEN: Informationssicherheitsverfahren von RFID-Transpondern, 2005, http://www.sigs.de/publications/os/2005/rfid/roth_OS_rfid_05.pdf
Abruf am 12.7.2005
17. SCHOBLICK, GABRIELE UND ROBERT: RFID Radio Frequency Identification, 2005, Poing
18. SCHÜLER, PETER: Schnüffeltechnik ausgetrickst – Ein Störsender verwirrt RFID-Lesegeräte, In: c't 06/2004, http://www.heise.de/ct/04/06/040/
Abruf am 20.8.2005